essentials

Springer Essentials sind innovative Bücher, die das Wissen von Springer DE in kompaktester Form anhand kleiner, komprimierter Wissensbausteine zur Darstellung bringen. Damit sind sie besonders für die Nutzung auf modernen Tablet-PCs und eBook-Readern geeignet. In der Reihe erscheinen sowohl Originalarbeiten wie auch aktualisierte und hinsichtlich der Textmenge genauestens konzentrierte Bearbeitungen von Texten, die in maßgeblichen, allerdings auch wesentlich umfangreicheren Werken des Springer Verlags an anderer Stelle erscheinen. Die Leser bekommen „self-contained knowledge" in destillierter Form: Die Essenz dessen, worauf es als „State-of-the-Art" in der Praxis und/oder aktueller Fachdiskussion ankommt.

Ekbert Hering

Wettbewerbsanalyse für Ingenieure

Ekbert Hering
Hochschule für angewandte Wissenschaften Aalen
Deutschland

ISSN 2197-6708   e-ISSN 2197-6716
ISBN 978-3-658-03868-7   ISBN 978-3-658-03869-4 (eBook)
DOI 10.1007/978-3-658-03869-4

Die Deutsche Nationalbibliothek verzeichnet diese Publikation in der Deutschen Natio-
nalbibliografie; detaillierte bibliografische Daten sind im Internet über http://dnb.d-nb.de
abrufbar.

Springer Vieweg
© Springer Fachmedien Wiesbaden 2014

Gedruckt auf säurefreiem und chlorfrei gebleichtem Papier

Springer Vieweg ist eine Marke von Springer DE. Springer DE ist Teil der Fachverlagsgruppe
Springer Science+Business Media
www.springer-vieweg.de

Vorwort

Dieses Werk basiert auf dem „Handbuch Betriebswirtschaft für Ingenieure" von Ekbert Hering und Walter Draeger, 3. Auflage 2000. Dieses Werk hat sich einen hervorragenden Platz als Lehrbuch für Studierende, insbesondere der Ingenieurwissenschaften, und als Standard-Nachschlagewerk für Ingenieure in der Praxis geschaffen. Die Vorteile sind die *große Praxisnähe* (das Werk wurde von Praktikern für Praktiker geschrieben), die Präsentation der *ganzen Breite des Managementwissens* sowie die vielen Beispiele, die die sofortige Umsetzung in den betrieblichen Alltag ermöglichen. Das vorliegende Kapitel über Wettbewerbsanalyse wurde um das Werkzeug der strategischen Karte und der Portfolio-Technik erweitert. Stark gekürzt wurden die vielen Beispiele im Originalwerk, um eine konsistente und klare Linie der Vorgehensweise aufzuzeigen. Großer Wert wird auf eine ausdrucksstarke Visualisierung durch Bilder und Strukturierung durch Tabellen gelegt. Auf diese Weise werden die betriebswirtschaftlichen Zusammenhänge klarer und der Lerneffekt ist größer.

Prof. Dr. mult. Dr. h.c. Ekbert Hering

Inhaltsverzeichnis

Einleitung

Die meisten Ingenieure in der Praxis sind im Laufe ihrer Karriere in Führungspositionen tätig. Deshalb sind für Ingenieure fundierte Kenntnisse in Betriebswirtschaft unerlässlich. Aus diesen Gründen ist es aber auch Ingenieuren in der Ausbildung zu empfehlen, sich die erforderlichen Kenntnisse anzueignen. Insbesondere die Kenntnisse von Produkten und Dienstleistungen in ihrer Branche und den Märkten, in denen diese an die Kunden verkauft werden, sind von höchster Bedeutung. Das vorliegende Buch widmet sich der Wettbewerbsanalyse.

E. Hering, *Wettbewerbsanalyse für Ingenieure*, essentials,
DOI 10.1007/978-3-658-03869-4_1, © Springer Fachmedien Wiesbaden 2014

Wettbewerbskräfte 2

Nach Porter sind folgende 5 Kräfte im Wettbewerb wirksam (Abb. 2.1):

1. Wettbewerb zwischen bestehenden Konkurrenten
2. Potenzielle Konkurrenten
3. Lieferant als möglicher Wettbewerber
4. Käufer bzw. Kunden als mögliche Wettbewerber
5. Substitutionsprodukte

Abb. 2.1 Die fünf Wettbewerbskräfte nach Porter (in Anlehnung an Porter, M. E.: Wettbewerbsstrategie (Competitive Strategy). Campus-Verlag 1983)

E. Hering, *Wettbewerbsanalyse für Ingenieure*, essentials,   3
DOI 10.1007/978-3-658-03869-4_2, © Springer Fachmedien Wiesbaden 2014

Die wichtigsten Informationen über die bestehenden und die potenziellen Wettbewerber werden in einer speziellen Datenbank erfasst. Folgende Daten der betrachteten Unternehmen sind dabei wichtig:

- Name
- Adresse
- Rechtsform
- Anzahl Mitarbeiter (in Summe)
- Anzahl Mitarbeiter (in betrachteter Sparte des Konkurrenzproduktes)
- Umsatz (in Summe)
- Umsatz (in betrachteter Sparte des Konkurrenzproduktes)
- Erträge (Gewinne, falls publiziert)
- Geschätzter Marktanteil (in betrachteter Sparte des Konkurrenzproduktes)
- Belieferte Kunden
- Bestehende Patente

Darüber hinaus sind auch Felder vorzusehen, in denen vermerkt wird, welche strategische Ausrichtungen das Unternehmen vorhat, beispielsweise will das Unternehmen die betreffende Produktsparte ausbauen, verkleinern oder aufgeben. Diese Informationen können aus folgenden Quellen gesammelt werden:

- Systematische Auswertung der Firmenbroschüren und Internetseiten
- Systematische Befragung des Vertriebs bei Kundenbesuchen
  In vorgefertigten Formularen (am Besten elektronisch) werden die Vertriebsmitarbeiter verbindlich verpflichtet, diese Informationen einzutragen. Eine automatische Übernahme in die bestehende Datenbank ist anzustreben. Es ist folgende Vorgehensweise anzuraten: Der Vertriebsmitarbeiter muss die entscheidenden Fragen im Kopf haben und sie möglichst unauffällig und in

E. Hering, *Wettbewerbsanalyse für Ingenieure*, essentials,
DOI 10.1007/978-3-658-03869-4_3, © Springer Fachmedien Wiesbaden 2014

Tab. 3.1 Zusammenstellung der direkten und potenziellen Wettbewerber (Hering und Draeger 2000)

Firmen \ Produktbereiche	direkte Konkurrenz			potentielle Konkurrenz		
	Einzweckmontagemaschinen A	flexibles Montagesystem (FMS) B	Montageroboter C	Zubehörteile D	spanabhebende Rund- und Längstaktmaschinen E	Sondermaschinenbau F
1. Bach GmbH			20			
2. Bierer KG						
3. Cäser GmbH						3
4. Dorma GmbH	10					
5. Dorsig KG				10		
6. Dürer Söhne GmbH+Co.						2
7. Fisto KG				25		
8. Fischer GmbH + Co.						
9. Gabel Karl GmbH		35				
10. Haller GmbH						3
11. Hiemer GmbH					65	
12. Ihle KG						25
13. Ilser KG					112	
14. Kost Maschinen					2	
15. Reich			115			
16. Roland GmbH						0,5
17. Weber KG			16			
18. Weiß Maschinenbau GmbH				3		
19. Zorn AG					150	
20. Maier GmbH	50					
Summe in Mio. Euro	**10**	**85**	**150**	**38**	**329**	**33,5**

geeigneten Situationen stellen. Er kann sie dann anschließend in seinen Computer eingeben.

- Informationen auf Messen

  Es empfiehlt sich, eine dem Wettbewerber unbekannte aber mit hoher Fachkompetenz ausgestattete Person auf die Messe zu schicken und dort die

Wettbewerber gezielt zu fragen. Der Fragenkatalog muss mit der Firmenleitung abgestimmt werden und muss computergerecht auswertbar sein. Auch hier gilt es, möglichst unauffällig die relevanten Informationen zu gewinnen.
- Informationen bei Zusammenkünften
  Mitarbeiter werden oft zu Schulungen oder zu anderen Veranstaltungen (z. B. Gruppen zum Erfahrungsaustausch) geschickt, wo sie Mitarbeiter der Wettbewerber treffen. Auch dort bieten sich Möglichkeiten, an relevante Informationen zu kommen.

Eine einfache Möglichkeit, Informationen zusammenzustellen, zeigt Tab. 3.1. Hier sind in den Zeilen die betrachteten Unternehmen aufgeführt und ihnen Zahlen zugeordnet. In den Spalten wird zunächst in die beiden Gruppen: Direkte Konkurrenz und potenzielle Konkurrenz unterschieden. Innerhalb dieser Gruppen werden die einzelnen Produkte bzw. Produktgruppen aufgeführt (dargestellt als Buchstaben). Die Zahlen bedeuten die Umsätze in Millionen Euro. Zu Übersichtszwecken kann man das eigene Unternehmen mit in die Tabelle aufnehmen (z. B. die Firma Maier GmbH mit der Nr. 20).

Strategische Karte 4

Mit der *strategischen Karte* wird das Ergebnis veranschaulicht (Abb. 4.1). Auf der waagerechten Achse werden die sogenannten *strategischen Gruppen* aufgetragen. Dies sind die als Wettbewerber in Betracht kommenden Produkte (Dienstleistungen) oder Produktgruppen (Dienstleistungsgruppen). Im vorliegenden Fall sind dies die Maschinenarten (Spalten der Tab. 3.1 mit Buchstaben A bis F). Auf der senkrechten Achse steht eine für den Markt bzw. für die Kundenanforderungen und somit für den Verkaufserfolg entscheidende Größe, beispielsweise die Qualität. Die Kreisfläche zeigt den Umsatz der betrachteten strategischen Gruppe. Im Kreis steht die Abkürzung für die Gruppe und am Kreisrand die Anzahl der Unternehmen, die zu dieser strategischen Gruppe gehören.

Wie aus Abb. 4.1 zu entnehmen ist, liefern die im Markt befindlichen Unternehmen alle eine mittlere bis hohe Qualität. Am gefährlichsten als potenzieller Konkurrent ist die strategische Gruppe E (Taktmaschinen). Sie besitzt ein fast mittleres Qualitätsniveau und ist sehr umsatzstark. Diese strategische Gruppe muss besonders beobachtet werden, weil sie für das betrachtete Unternehmen, die Maier GmbH sehr gefährlich werden kann.

In einer strategischen Karte nach Abb. 4.1 werden die gefährlichen Wettbewerber deutlich sichtbar. Im Folgenden wird man auf diese gefährlichsten Unternehmen besonderen Augenmerk legen und die anderen nur mit betrachten. Weil die Unternehmen ihre Positionen, ihren Umsatz und die anderen Werte im Laufe der Zeit ändern können, müssen diese Informationen ständig aktualisiert werden. Es können eben auch bisher unbedeutende Wettbewerber zu bedeutenden Konkurrenten werden (z. B. durch Zukauf eines Unternehmens), ihre Gefährlichkeit verlieren (z. B. durch Umstrukturierungen) oder vom Markt verschwinden (z. B. durch Verkauf oder Insolvenz).

E. Hering, *Wettbewerbsanalyse für Ingenieure*, essentials,
DOI 10.1007/978-3-658-03869-4_4, © Springer Fachmedien Wiesbaden 2014

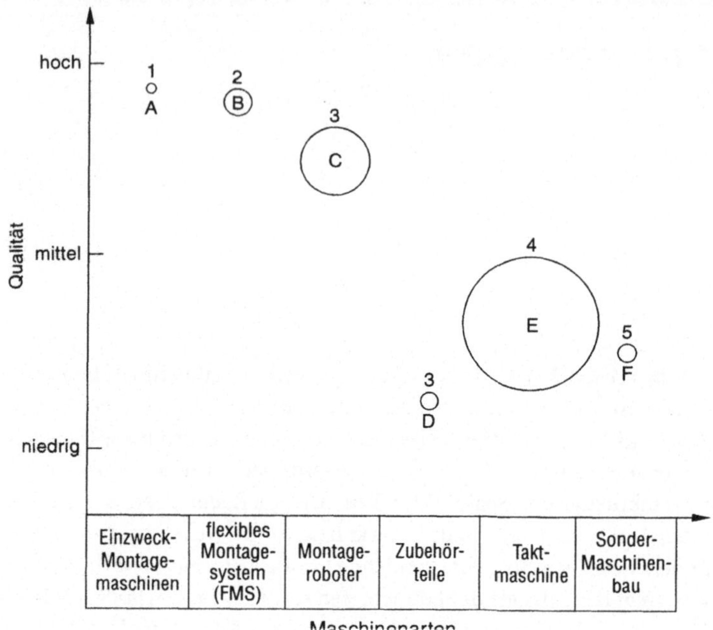

Abb. 4.1 Strategische Karte für ein Beispielunternehmen (Hering und Draeger 2000)

Gefahren durch die Wettbewerbskräfte 5

Zusammenfassend kann der Grad der Bedrohung durch die Wettbewerber sehr gut visualisiert werden. Die Gefahren, die auf Grund der fünf Wettbewerbskräfte für ein Produkt entstehen, werden in Abb. 5.1 gezeigt. In der Mitte steht die betrachtete strategische Geschäftseinheit, in unserem Fall das flexible Montagesystem der Firma Maier. Die weiter außen liegenden fünf Kreissegmente zeigen die fünf Wettbewerbskräfte nach Porter. Ihnen werden die einzelnen Kriterien für eventuelle Gefahren zugeordnet (Rechtecke ganz außen). Der Grad der Bedrohung durch diese Kriterien wird durch eine Markierung auf einer der drei *Gefahrenkreise* angegeben. Der innerste Gefahrenkreis stellt die stärkste Bedrohung dar, der nächste zeigt eine starke Bedrohung und der äußerste eine geringe Bedrohung. Im vorliegenden Beispiel findet eine starke Bedrohung bei folgenden Wettbewerbskräften und durch folgende Faktoren statt:

- Wettbewerb mit den bestehenden (etablierten) Konkurrenten:
  - geringes Wachstum des Marktes,
  - hohe Fixkosten des Produktes,
  - Überkapazitäten am Markt und
  - hohe Austrittsbarrieren (das Produkt kann nicht leicht vom Markt genommen werden, da es beispielsweise als Bauteil mit anderen Produkten stark verbunden ist).
- im Wettbewerb mit neuen Konkurrenten:
  - Bedrohung durch Vertriebskanäle (die Konkurrenten können das Produkt direkt oder auch über ein Internetportal vertreiben und sind deshalb präsenter bei den Kunden).
- Wettbewerb durch den Lieferanten:
  - das betrachtete Unternehmen ist für den Lieferanten kein wichtiger Kunde,
  - der Lieferant benötigt das Produkt zur Auslastung seiner Kapazitäten und
  - der Lieferant wird deshalb das Produkt selbst herstellen.

E. Hering, *Wettbewerbsanalyse für Ingenieure*, essentials,
DOI 10.1007/978-3-658-03869-4_5, © Springer Fachmedien Wiesbaden 2014

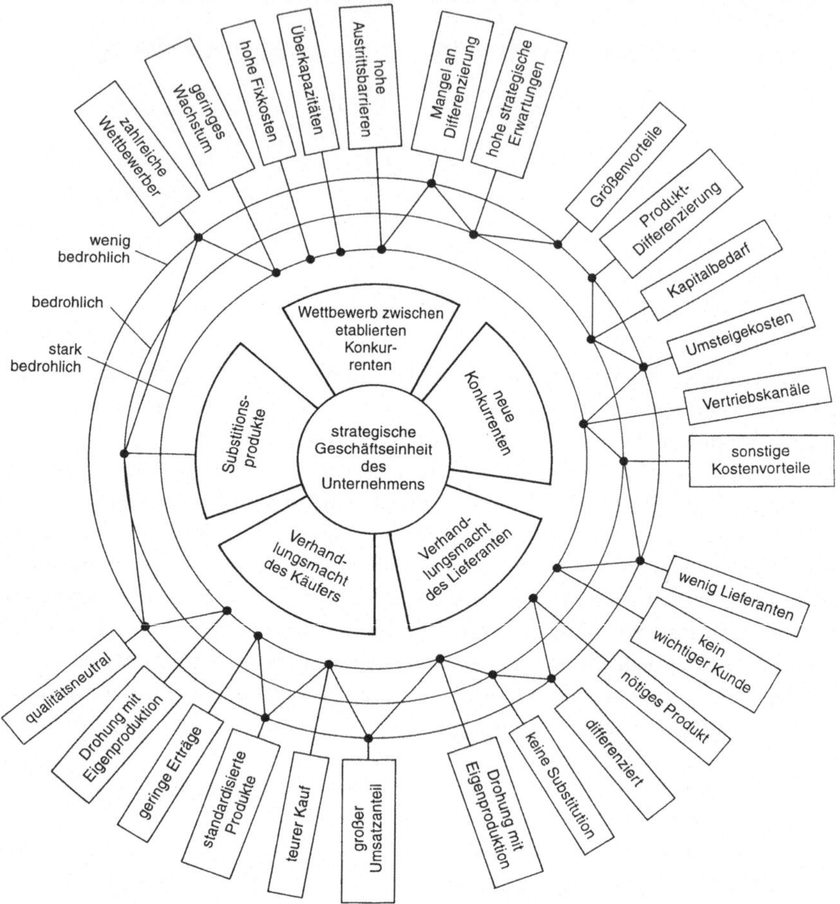

Abb. 5.1 Gefahren durch die Wettbewerbskräfte (Hering und Draeger 2000)

- Wettbewerb durch den Käufer (den Kunden):
  - Für ihn ist das gekaufte Produkt sehr teuer,
  - er hat deshalb geringere Erträge und
  - droht deshalb mit eigener Herstellung des Produktes.
- durch Substitutionsprodukte ist derzeit keine unmittelbare Bedrohung vorhanden.

Gefahren des Eintritts potenzieller Wettbewerber 6

Häufig lohnt es sich, die Gefahren für den Eintritt neuer potenzieller Wettbewerber in bestimmte Produktsegmente genauer zu beschreiben. In Tab. 6.1 ist dies im vorliegenden Beispiel für die drei gefährdeten Produktgruppen: Zubehörteile (Produktgruppe D nach Tab. 1), spanabhebende Rund- und Längsmaschinen (Produktgruppe E nach Tab. 3.1) und Sondermaschinenbau (Produktgruppe F nach Tab. 3.1) der Fall.

Für den Eintritt potenzieller Wettbewerber gibt es hauptsächlich folgende zwei Gründe:

1. *Interesse am Eintritt* in dieses Produktsegment. Dieses Interesse wird mit Punkten bewertet (1: großes Interesse, 2: mäßiges Interesse, 3: geringes Interesse). Wegen der Bedeutung dieses Kriteriums werden die vergebenen Punkte verdoppelt.
2. *Eintrittsbarrieren*. Die Eintrittsbarrieren beschreiben den Aufwand, der für einen Markteintritt als Konkurrent mit eigener Herstellung verbunden ist. Sind die Eintrittsbarrieren hoch, dann ist die Wahrscheinlichkeit des Markteintritts gering und deshalb auch die Gefahr nicht so hoch. In Tab. 6.1 werden die Kriterien für die Eintrittsbarrieren genannt. Es sind dies:
   - Erfahrung in diesem Produktsegment,
   - Umstellungskosten für die eigene Herstellung,
   - Know-how in diesem Produktsegment,
   - Vertriebsmöglichkeiten für dieses Produktsegment und
   - vorhandene Produktionskapazitäten, die bei eigener Produktion zu Überkapazitäten am Markt führen würden.

Für die genannten Kriterien werden Punkte für die Eintrittsbarrieren vergeben (1: niedrige Eintrittsbarriere, 2: mittel hohe Eintrittsbarriere, 3: hohe Eintrittsbarriere).

E. Hering, *Wettbewerbsanalyse für Ingenieure*, essentials,
DOI 10.1007/978-3-658-03869-4_6, © Springer Fachmedien Wiesbaden 2014

Tab. 6.1 Gefahren für ausgewählte Produktgruppen durch den Eintritt potenzieller Wettbewerber (Hering und Draeger 2000)

Kriterien	Zubehörteile	spanabhebende Rund- und Längstaktmaschinen	Sondermaschinen-bau
Interesse am Eintritt	3	3	1
Gewichtung (× 2)	6	6	2
Eintrittsbarrieren			
Erfahrung	3	3	2
Umstellungskosten	3	2	2
Know-how	2	2	2
Vertrieb	2	2	3
Überkapazität	3	3	2
insgesamt	19	18	13

Interesse am Eintritt:	Eintrittsbarrieren:
1 groß	1 niedrig
2 mäßig	2 mittel
3 gering	3 hoch

Es werden gemäß Tab. 6.1 die entsprechende Punktzahl vergeben und zu einer Gesamtpunktzahl addiert. Am gefährlichsten sind die potenziellen Wettbewerber, bei denen die beschriebenen Produktgruppen ein großes Interesse am Markteintritt haben und wo die Eintrittsbarriere am geringsten ist. Das bedeutet, dass die Produktgruppe mit der geringsten Punktzahl am gefährlichsten ist. Im vorliegenden Fall ist dies die Produktgruppe „Sondermaschinenbau" mit 13 Punkten. Unternehmen, die in diesem Produktsegment tätig sind, müssen besonders beobachtet werden.

An dieser Stelle muss darauf hingewiesen werden, dass die Märkte sehr dynamisch sein können. Deshalb müssen diese Einschätzungen sehr aktuell sein. Werden die Ergebnisse in einer Zeitreihe dargestellt, so ergeben sich Trends für die bestehenden Gefahren, die entweder zunehmen, gleich bleiben oder abnehmen.

Als Beispiel wird das Produktsegment „Flexibles Montagesystem (FMS)" ausgewählt (Produktgruppe B in Tab. 3.1). Die Bewertung relativ zur Konkurrenz geschieht in folgenden drei Schritten.

7.1 Erster Schritt: Beurteilung des ausgewählten Produktsegmentes des Beispielunternehmens

In einem ersten Schritt wird das Produktsegment des Beispielunternehmens (Firma Maier GmbH) anhand ausgewählter Kriterien mit Schulnoten beurteilt (Tab. 7.1). Es ist sinnvoll, diese Bewertung nicht nur von eigenen Mitarbeitern vornehmen zu lassen, weil diese erfahrungsgemäß das eigene Unternehmen und dessen Produkte besser einschätzen als dies real der Fall ist. Es ist anzuraten, die Bewertung durch eine Kundenbefragung (z. B. anlässlich einer Hausmesse oder auf einer Messe) durchzuführen. Tabelle 7.1 zeigt die Ergebnisse. Die Vorteile des eigenen Produktes liegen eindeutig in den vielseitigen Bearbeitungsmöglichkeiten und in der Genauigkeit.

7.2 Zweiter Schritt: Beurteilung des ausgewählten Produktsegmentes relativ zu den Wettbewerbern in einer Nutzwert-Analyse

In einem zweiten Schritt werden die Produkte der Wettbewerber in gleicher Weise untersucht, wie in Schritt 1 dargestellt. Dazu wird das Verfahren der *Nutzwert-Analyse* angewandt. Die ausgewählten Kriterien werden zuerst gewichtet und

E. Hering, *Wettbewerbsanalyse für Ingenieure*, essentials,
DOI 10.1007/978-3-658-03869-4_7, © Springer Fachmedien Wiesbaden 2014

Tab. 7.1 Beurteilung des Produktsegmentes FMS der Firma Maier GmbH (Hering und Draeger 2000)

Kriterien	Beurteilung des Montagesystems	Note
1. Kosten der Maschine	geringe Fixkosten niedrige Konstruktionskosten	2
2. Wiederverwendbarkeit der Betriebsmittel	hoch, durchdachtes System; Elemente können wiederverwendet werden	2
3. Einsatzbereiche (Größe der zu montierenden Teile)	auf kleine Teile beschränkt	3
4. erweiterungsfähig	nur bedingt möglich	3
5. Bearbeitungsmöglichkeiten 1-, 2-, 3dimensional	3dimensional	1
6. Transportierart	Schiebetransfersystem	3
7. Speichermöglichkeiten (Puffer)	Speicher möglich	2
8. Ausbringung der Fertigteile je Stunde	ca. 900 Stck./h	2
9. Genauigkeit (Positionierung)	± 0,01 mm	1
10. Vielseitigkeit	auf Produktionsänderungen kann relativ schnell eingegangen werden	3

*) Benotung des Montagesystems:
1 sehr gut; 2 gut, 3 zufriedenstellend, 4 mangelhaft

anschließend Noten vergeben. In Tab. 7.2 sind das Vorgehen und die Ergebnisse ersichtlich.

Die Kriterien befinden sich in den Zeilen. In der ersten Spalte wird die Gewichtung (d. h. die Bedeutung des Kriteriums) eingetragen. Die Zahlen 1 bis 10 geben die Gewichtung an (10: höchste Gewichtung und 1 geringste Gewichtung). In den anschließenden Spalten werden die untersuchten Wettbewerber aufgelistet. In der letzten Spalte auch das Beispielunternehmen (Firma Meier GmbH). Für jedes Unternehmen sind zwei Spalten vorgesehen. N steht für die Note und P für die Punktzahl. Diese errechnet sich aus dem Produkt aus Note mal Gewichtung.

Die beiden letzten Zeilen errechnen die Summe der Punkte (vorletzte Zeile) und die Durchschnittsnote (Summe der Noten geteilt durch die Anzahl der Kriterien).

Das Ergebnis zeigt Tab. 7.2. Das Unternehmen mit der geringsten Punktzahl und der besten Durchschnittsnote liegt an der Spitze. Dies ist im vorliegenden Falle das betrachtete Unternehmen (Maier GmbH) mit 113 Punkten und einer Gesamtnote von 2,1, dicht gefolgt von den Unternehmen Bach (116 Punkte und Gesamtnote 2,2) und Gabel (119 Punkte und Gesamtnote 2,3).

Tab. 7.2 Nutzwertanalyse der Wettbewerber (Hering und Draeger 2000)

Kriterien	Ge-wich-tung	Bach		Dorma		Gabel		Reich		Weber		Maier	
		N	P	N	P	N	P	N	P	N	P	N	P
1. Kosten der Maschine	10	3	30	2	20	2	20	4	40	3	30	2	20
2. Wiederverwendbarkeit der Betriebsmittel	5	2	10	4	20	3	15	1	5	2	10	2	10
3. Einsatzbereich (Größe der Teile)	2	3	6	3	6	2	4	2	4	3	6	3	6
4. erweiterungsfähig	2	3	6	4	8	2	4	2	4	3	6	3	6
5. Bearbeitungsmöglichkeiten (2-, 2-, 3dimensional)	2	1	2	3	6	2	4	2	4	2	4	1	2
6. Transportierart	5	1	5	3	6	2	4	2	4	2	4	1	2
7. Speichermöglichkeiten (Puffer)	3	2	6	3	9	2	6	2	6	2	6	2	6
8. Ausbringung, Fertigteile/Stunde	5	3	15	1	5	2	10	3	15	3	15	2	10
9. Genauigkeit (Positionierung)	8	2	16	1	8	2	16	3	24	3	24	1	8
10. Vielseitigkeit	10	2	20	4	40	3	30	2	20	2	20	3	30
Summe	52		116		132		119		137		131		113
Durchschnittsnote			2,2		2,5		2,3		2,6		2,5		2,1

7.3 Dritter Schritt: Bestimmung relativer Wettbewerbsvorteile

Die *relativen Wettbewerbsvorteile* sind leicht zu erkennen, wenn nach fallenden Vorteilen sortiert wird. In Tab. 7.3 ist dies ersichtlich. In den Zeilen sind die Kriterien dargestellt und in den Spalten die Noten. In der ersten Spalte zeigen die Noten für das Beispielunternehmen (Firma Maier GmbH). In der zweiten Spalte sind die Noten der gesamten Konkurrenz zu sehen. Das Ergebnis zeigt Tab. 7.3.

Werden diese relativen Wettbewerbsvorteile grafisch ausgewertet, so entsteht ein Stärke-Schwäche-Profil, wie sie Abb. 7.1 zeigt. Es werden die Noten relativ zum Wettbewerber errechnet. Am Beispiel „Bearbeitungsmöglichkeiten" ergibt sich: Note der Firma Maier: 1 und die Gesamtnote der Konkurrenz: 2,2. Die Notendifferenz zwischen den Noten für das Kriterium Bearbeitungsmöglichkeiten beträgt: $2,2 - 1 = 1,2$. Diese Notendifferenz beschreibt die relativen Wettbewerbsvorteile. Je größer die Notendifferenz, desto größer der relative Wettbewerbsvorteil. Werden die Kriterien entsprechend fallender Notendifferenzen (fallenden relativer Wettbewerbsvorteile) sortiert, so ergibt sich das in Abb. 7.1 dargestellte Stärke-Schwäche-Profil. In den Zeilen sind die Kriterien dargestellt, in den Spalten die entsprechenden Noten. Der Abstand zwischen den Noten der Gesamtkonkurrenz

Tab. 7.3 Relative Wettbewerbsvorteile (Hering und Draeger 2000)

Kriterien	Noten*	
	Firma Maier	Konkurrenz gesamt
5. Bearbeitungsmöglichkeiten (1-, 2-, 3dimensional)	1	2,2
9. Genauigkeit (Positionierung)	1	2,0
2. Wiederverwendbarkeit der Betriebsmittel	2	2,9
7. Speichermöglichkeiten (Puffer)	2	2,7
1. Kosten der Maschine	2	2,4
8. Ausbringung der Fertigteile je Stunde	2	2,0
10. Vielseitigkeit	3	3,0
4. Erweiterungsfähig	3	2,9
3. Einsatzbereich (Größe der Teile)	3	2,5
6. Transportierart	3	2,0

*) Benotung des Montagesystems:
1 sehr gut, 2 gut, 3 zufriedenstellend, 4 mangelhaft

und des betrachteten Unternehmens bestimmt die entsprechenden Wettbewerbsvorteile bzw. Wettbewerbsnachteile. Die größten Wettbewerbsvorteile stehen nach Abb. 7.1 ganz oben und die größten Wettbewerbsnachteile ganz unten. Aus diesem Bild sind anschaulich die Vor- und die Nachteile zu erkennen.

Abbildung 7.1 zeigt folgendes: Die Vorteile liegen bei der Maschine der Firma Maier im Gegensatz zur Konkurrenz bei:

- mehr Bearbeitungsmöglichkeiten,
- höherer Genauigkeit,
- Wiederverwendbarkeit,
- Speichermöglichkeit und
- Kostenverringerung.

Vergleichbar mit der Konkurrenz ist sie in den Punkten:

- Ausbringung und
- Vielseitigkeit.

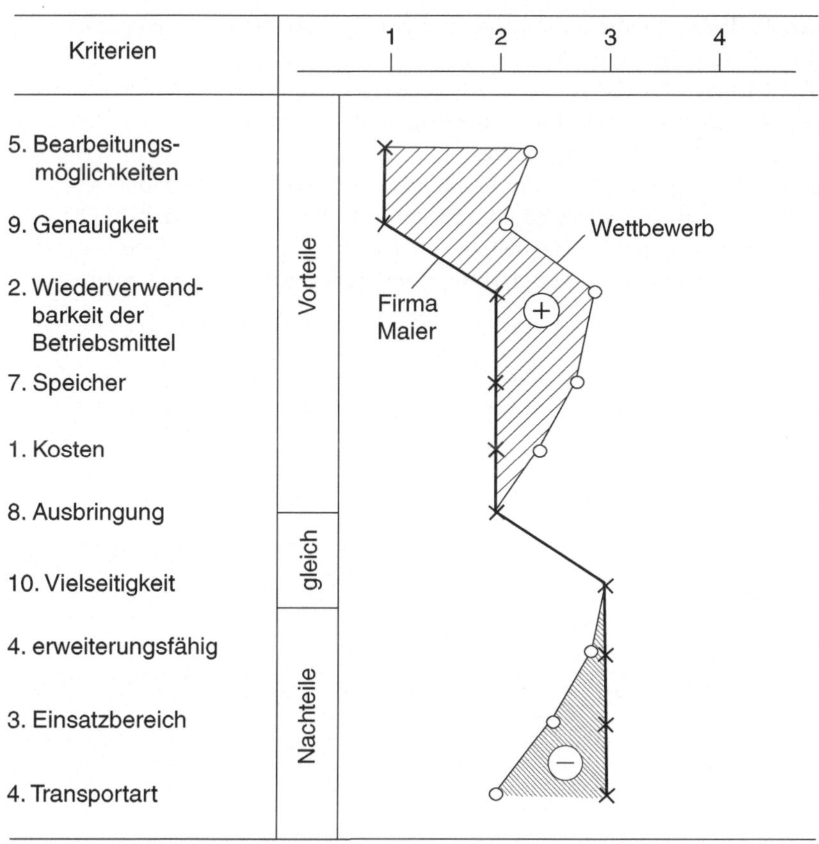

Abb. 7.1 Stärke-Schwäche-Profil (Hering und Draeger 2000)

Nachteile gegenüber der Konkurrenz liegen bei den Eigenschaften:

- Erweiterbarkeit,
- Einsatzbereich und
- Transportart.

Aus diesen Vorteilen lassen sich auch nachweisbare Verkaufsargumente her-
leiten. Es ist darauf zu achten, dass die Kriterien, die als nachteilig beurteilt
werden, aus Kundensicht nicht sehr wichtig sind, so dass daraus keine relevante
Wettbewerbsnachteile entstehen.

Am Ende der Wettbewerbsanalyse werden die Schlussfolgerungen gezogen. Sie lauten für das obige Beispiel:

Die Chancen für die Firma Maier stehen gut. Die Schwachpunkte des Montagesystems (Transportart, Einsatzbereiche und Vielseitigkeit) müssen verbessert werden. Da bei den Montagerobotern mit sinkenden Preisen zu rechnen ist, werden sie zukünftig immer stärkere Konkurrenten. Deshalb sollten Montageroboter in naher Zukunft in das Produktionsprogramm aufgenommen werden. Ebenfalls mit Konkurrenz ist bei den Herstellern von spanabhebenden Rund- und Längstaktmaschinen zu rechnen. Dieses Marktsegment muss genau beobachtet werden.

Wettbewerbsorientierte Portfolios

8.1 Portfolio-Technik

Der Begriff „Portfolio" stammt aus der Finanzwissenschaft. Wertpapierbündel (Portefeuilles) sollten so zusammengestellt werden, dass deren Risiko-, Gewinn- und Renditeerwartungen ausgeglichen sind. Dies bedeutet, dass entweder für eine gewünschte Gewinnrate oder Rendite das Risiko minimiert oder für eine gewisse Risikobereitschaft die Gesamtrendite des Wertpapier-Portefeuilles maximiert wird.

Diese Idee wird auf das Unternehmen übertragen. In einem *Produkt-Portfolio* wird das Produktionsprogramm nach Chancen und Risiken der zukünftigen Ertragsentwicklung eingeteilt. Dabei wird das Produktionsprogramm üblicherweise in strategische Geschäftseinheiten, im vorliegenden Fall können es Produktgruppen oder ganze Branchen sein, die im Folgenden untersucht werden.

Das Portfolio eines gesamten Unternehmens sollte ausgeglichen sein in bezug auf

- Risiken und Chancen der Erträge,
- Cash Zu- bzw. Abflüsse,
- hohen und geringen Renditen.

Die Elemente eines Produkt-Portfolios werden von zwei Perspektiven aus beurteilt und grafisch dargestellt:

1. *Unternehmens-Perspektive* (die Stärke des Produktes im Unternehmen), dargestellt in der waagerechten Achse und die
2. *Markt-Perspektive* (Erfolgschancen der Produkte auf den Absatzmärkten), dargestellt in der senkrechten Achse.

E. Hering, *Wettbewerbsanalyse für Ingenieure*, essentials,
DOI 10.1007/978-3-658-03869-4_8, © Springer Fachmedien Wiesbaden 2014

In der Praxis werden am häufigsten folgende zwei Portfolios verwendet:

- Marktwachstums-Marktanteils-Portfolio mit vier Feldern und das
- Marktattraktivitäts-Produktstärke-Portfolio mit neun Feldern.

Die Hauptstärken der Portfolio-Technik liegen in der Einfachheit, der Anschaulichkeit und leichten Handhabbarkeit. Im Einzelnen sind folgende Vorteile von Bedeutung:

- Durch das methodische Einordnen der betrachteten Strategischen Geschäftseinheiten (SGEs) nach den Kriterien, die den größten Einfluss auf die zukünftigen Ertragsmöglichkeiten haben, können zukunftsweisende Entscheidungen über die Entwicklung der SGEs erfolgversprechend gefällt werden.
- Die spezifischen Produkt-Markt-Strategien orientieren sich im Wesentlichen an den zukünftigen Ertragschancen und nicht so sehr an gegenwärtigen oder vergangenen Erfolgskennzahlen.
- Es wird der große Fehler vermieden, dass alle Produkte an einem einzigen, kurzfristigen Erfolgsmaßstab gemessen werden, beispielsweise an der Rendite. Je nach Lage in den einzelnen Feldern des Portfolios sind unterschiedliche Entscheidungsregeln für Investitionen, Kosten, Risiko, Preis- und Absatzpolitik gültig. Diese Regeln werden *Normstrategien* genannt. Dadurch wird erreicht, dass die knappen Finanzmittel gezielt nur in die erfolgversprechenden SGEs investiert werden.

8.2 Marktattraktivitäts-Produktstärke-Portfolio

Für die Darstellung der Wettbewerbssituation wird im nachfolgenden Beispiel das Marktattraktivitäts-Produktstärke-Portfolio für die derzeit vorhandenen Wettbewerber und die zukünftig zu erwartenden potenziellen Wettbewerber ausgewählt.

Wie bereits oben erwähnt, werden im Marktattraktivitäts-Produktstärke-Portfolio die Stärke im Unternehmen (Produktstärke) in der waagerechten Achse und die Marktattraktivität als Maß für die Erfolgschancen auf den Absatzmärkten, in der senkrechten Achse dargestellt. Folgende Strukturen weist das Portfolio auf:

- Eine Vielzahl an Bestimmungsgrößen für die Produktstärke und die Marktattraktivität werden herangezogen und
- es erfolgt eine Einteilung der Achsen in drei Bereiche (niedrig, mittel, hoch). Dadurch ergeben sich neun Felder.

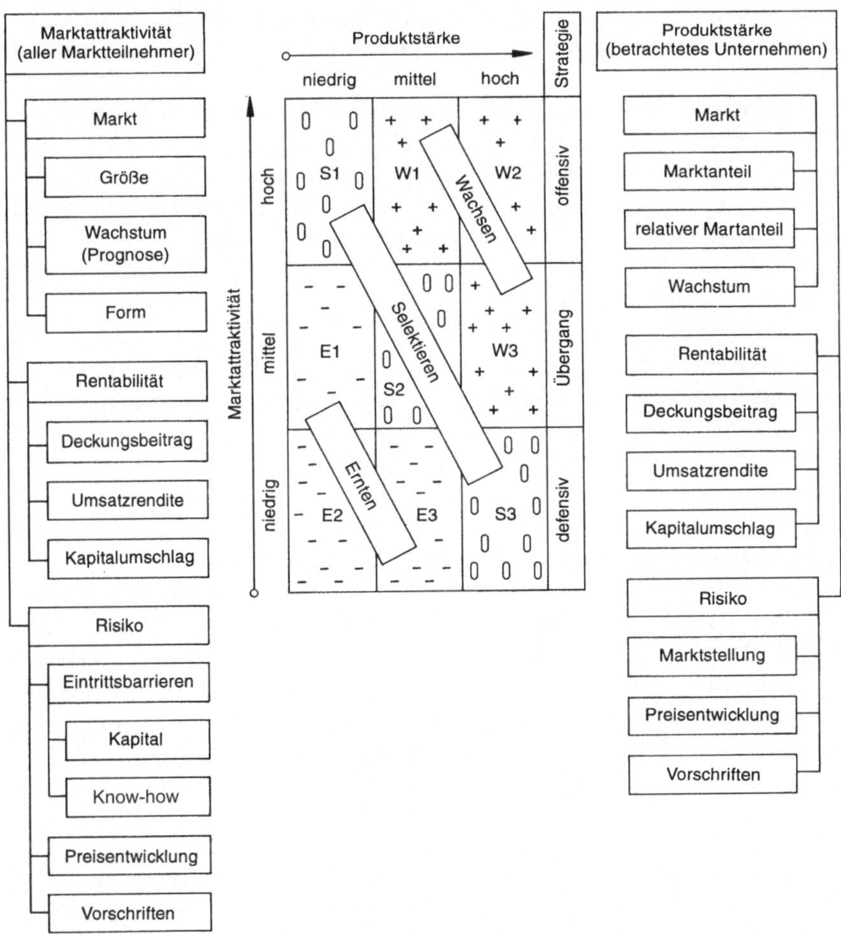

Abb. 8.1 Schema des Marktattraktivitäts-Produktstärke-Portfolios (Hering und Draeger 2000)

Wie Abb. 8.1 zeigt, kann die Marktattraktivität und die Produktstärke unter den Gesichtspunkten:

- Markt,
- Rentabilität und
- Risiko

betrachtet werden. Innerhalb dieser Bereiche können spezielle, für die betrachteten Strategischen Geschäftseinheiten wichtige Kriterien zur Bewertung ausgewählt werden.

Abbildung 8.1 zeigt das Portfolio mit neun Feldern und den drei Bereichen oder Feldgruppen: Ernten, Selektieren und Wachsen. Sie unterscheiden sich im Wesentlichen durch ihr Verhältnis zu den Finanzmitteln. Die Symbole geben an, ob Finanzmittel erforderlich werden (+), in der Regel nicht notwendig sind (0) oder freigesetzt werden (−). Für die einzelnen Feldgruppen gilt:

- *Ernten (Felder E1 bis E3)*

Das „-"-Zeichen besagt, dass es in diesem Bereich zu einer möglichst großen Finanzmittelfreisetzung kommen sollte, d. h. hier gilt es zu ernten. Denn hier liegen Produkte, die in einem wenig attraktiven Markt eine geringe Produktstärke aufweisen Je nach Lage der Produkte im E-Feld sollte für sie ein schrittweiser oder ein vollständiger Rückzug aus dem Markt eingeleitet werden. Sobald die Produkte keinen Mindest-Deckungsbeitrag mehr abwerfen, der die spezifischen Fixkosten deckt, ist eine möglichst schnelle Produktbereinigung vorzunehmen.

Die Forderung nach möglichst viel Finanzmittelfreisetzung einerseits und schnellem Rückzug vom Markt andererseits können beispielsweise durch Erhöhung der Preise bei gleichzeitiger Kürzung von Ausgaben erfüllt werden. Dadurch wird kurzfristig ein hoher Cash-Flow erzielt, und längerfristig wird das Produkt nicht mehr zu verkaufen sein, so dass es vom Markt verschwinden wird. Risiken dürfen in diesem Bereich nicht mehr eingegangen werden.

Ein erfolgreiches Ernten wird nur in den Feldern E1 und E3 möglich sein, da hier

- mittlere Marktattraktivitäten oder mittlere Produktstärken vorliegen und
- das Produkt zwar in der Sättigungsphase, aber noch nicht in der Rückzugsphase liegt.

- *Selektieren (Felder S 1 bis S 3)*

Das Symbol „0" zeigt, dass sich in diesem Bereich Produkte in einem Übergangsstadium zwischen Wachsen und Ernten befinden, bei denen weder eine Finanzmittelfreisetzung noch eine -bindung erfolgt. In dieser Diagonalen des Portfolios sind also Produkte zu finden, die sich dadurch auszeichnen, dass entweder eine hohe Marktattraktivität mit einer niedrigen Produktstärke oder umgekehrt kombiniert ist, oder diese Produkte eine mittelmäßige Marktattraktivität und Produktstärke aufweisen.

Produkte im Feld S 1 zeichnen sich durch eine hohe Marktattraktivität, aber geringe Produktstärke aus. Hier befinden sich Strategische Geschäftseinheiten (SGE), die neu auf dem Markt sind und einen hohen Innovationsgrad aufweisen. Für SGEs in diesem Feld muss entschieden werden, ob die Produktstärke in diesem attraktiven Markt erhöht werden kann. Falls dies nicht möglich ist, müssen die SGEs oder Produkte innerhalb der SGEs aus dem Markt genommen werden.

Im Feld S 2 befinden sich mittelmäßige SGEs in bezug auf Marktattraktivität und Produktstärke. Hier sind spezielle Überlegungen zur Investition oder Desinvestition anzustellen, die vor allem die SGEs in ihrer Lebenszyklusphase betrachten: Sind es alternde SGEs, so wird eine schrittweise Desinvestition durch eine Produkt- und Kundenbereinigung anzuraten sein. Eine zusätzliche Kostenverringerung (z. B. durch eine Wertanalyse) dürfte in der Regel mit den oben erwähnten Maßnahmen die Produktstärke so erhöhen, dass eine Verlagerung in Richtung S 3 stattfinden kann. Befinden sich hier SGEs, deren Marktattraktivität zunehmen könnte, so wird eine gezielte Investition unter zusätzlicher Erhöhung der Produktstärke ratsam sein (Verlagerung in Richtung W 2).

In Feld S 3 liegen SGEs, die mit den Cash-SGEs des Marktwachstums-Marktpositions-Portfolios vergleichbar sind und somit die dort erwähnten Maßnahmen zu ergreifen sind.

- *Wachsen (Felder W 1 bis W 3)*

Das „+"-Zeichen bedeutet, dass hier Finanzmittel gebunden sind oder investiert werden müssen, da sich in diesen Feldern Wachstumspotenzial vorhanden sind. SGEs in diesen Feldern zeigen mittlere bis hohe Marktattraktivitäten und Produktstärken. Ziele in diesen Positionen sind: Aufbau von neuen Marktpositionen und Anwendungsfelder oder Erhaltung der Marktführerschaft.

Das hat zur Folge, dass in der Regel hohe Investitionen für die Entwicklung der SGEs und der wirtschaftlichen Herstellungsverfahren ihrer Produkte vorgenommen werden müssen. Auf hohe, augenblickliche Gewinne oder Cash-Flows muss zugunsten späterer, wahrscheinlich noch höherer Finanzmittelfreisetzung verzichtet werden können. Für SGEs in diesem Bereich muss ein vertretbares Risiko akzeptiert werden.

Ist ein Marktattraktivitäts-Produktstärke-Portfolio ausgeglichen, dann werden die SGEs in den Ernten-Feldern soviel Finanzmittel erwirtschaften, um die Wachstumsprodukte der Felder W und ausgewählte SGEs aus den Feldern S finanzieren zu können. Für Produkte in diesen unterschiedlichen Bereichen sind ganz verschiedene Maßnahmen notwendig, die *Normalstrategien* genannt werden. Sie bilden den

Tab. 8.1 Normalstrategien für das Marktattraktivitäts-Produktstärke-Portfolio (Hering und Draeger 2000)

Aktivitätsbereiche	Normalstrategie		
	ernten	selektieren	wachsen
Marktanteil	Aufgeben für Ertrag – Kundenauswahl – regionaler Rückzug	Positionen behalten gezielt wachsen	Hinzugewinnen neue Kunden, neue Gebiete neue Technologien
Investitionen	Minimum bis keine Investitionen < Abschreibungen	Ertragsgesteuert Investitionen = Abschreibungen	vertretbares Maximum Investitionen > Abschreibungen Kapazitätseinwirkung
Risiko	vermeiden	begrenzen	akzeptieren
Programmpolitik	Programmbereinigung, keine neuen Produkte	Spezialisierung Schwerpunktbildung	Sortiment ausbauen diversifizieren neue Produkte
Kosten	Abbau von Fixkosten und Personalkosten	Rationalisierung von Personal und Verfahren Kontrolle des Kapital- einsatzes	Fixkostendegression Erfahrungskurve Lernkurve
Preispolitik	hohe Preise	gleichbleibend	Preis bestimmend
Absatzpolitik	kaum Marketing- mittel	gezielte Produkt- werbung	offensiver Einsatz von Marketingmitteln

Rahmen für erfolgreiche unternehmerische Entscheidungen. In Tab. 8.1 sind diese Normalstrategien zusammengestellt (Maßnahmen, die normalerweise den Erfolg der SGEs in diesen Feldern sicherstellen werden). Für die Bereiche Ernten, Selektieren und Wachsen sind jeweils Maßnahmen bzw. Aktivitätsbereiche zu finden. Diese sind:

- Marktanteil,
- Investitionen,
- Risiko,
- Programmpolitik,
- Kosten,
- Preispolitik und
- Absatzpolitik.

Das Marktattraktivitäts-Produktstärke-Portfolio wird folgendermaßen erstellt.

Mit einer Nutzwert-Analyse werden die einzelnen Kriterien für die Marktattraktivität und die Produktstärke gewichtet (zwischen 1 und 2) und Punkte vergeben (1: niedrig; 2: mittel; 3: hoch). Der entsprechende Nutzwert ist das Produkt aus Gewicht und Punktzahl.

Tab. 8.2 Errechnen der Marktattraktivität und der Produktstärke für die vorhandenen und potenziellen Wettbewerber zur Erstellung des Wettbewerbs-Marktattraktivitäts-Produktstärke-Portfolios (Hering und Draeger 2000)

Bewertung strategische Geschäftseinheit	Einteilung	Marktattraktivität			Summe Ideal %	Produktstärke			Summe Ideal %
		Markt-wachstum	Branchen-rendite	Preisent-wicklung		Markt-anteil	Umsatz-rendite	technischer Vorsprung	
Maier GmbH	Gewicht	2	1,5	1	9,5	2	1,5	1	9,75
	Punktzahl	2,5	2	1,5	13,5	2,5	1,5	2,5	13,5
	Nutzwert	5	3	1,5	70%	5	2,25	2,5	72%
Zorn	Gewicht	2	1,5	1	8,75	2	1,5	1	5,25
(potenzieller	Punktzahl	1,5	2,5	2	13,5	1	1,5	1	13,5
Wettbewerber)	Nutzwert	3	3,75	2	65%	2	2,25	1	38%
Reich	Gewicht	2	1,5	1	5	2	1,5	1	8
(potenzieller	Punktzahl	1	1	1,5	13,5	2	2	1	13,5
Wettbewerber)	Nutzwert	2	1,5	1,5	37%	4	3	1	60%
Gabel	Gewicht	2	1,5	1	9	2	1,5	1	6,5
	Punktzahl	2	2	2	13,5	2	1	1	13,5
	Nutzwert	4	3	2	66%	4	1,5	1	48%
Bach	Gewicht	2	1,5	1	11,5	2	1,5	1	3,75
(potenzieller	Punktzahl	3	2	2,5	13,5	1	0,5	1	13,5
Wettbewerber)	Nutzwert	6	3	2,5	85%	2	0,75	1	27%

Wie aus Tab. 8.2 ersichtlich ist, werden für die Marktattraktivität folgende Kriterien ausgewählt:

- Marktwachstum,
- Branchenrendite und
- Preisentwicklung.

Für die Produktstärke sind folgende Kriterien maßgebend:

- Marktanteil,
- Umsatzrendite und
- Technischer Vorsprung.

Die Summe der Nutzwerte für die Marktattraktivität und der Produktstärke werden mit den höchsten erreichbaren Nutzwerten ins Verhältnis gesetzt. Daraus errechnet sich ein Erfüllungsgrad in Prozent. Als Beispiel: Für das betrachtete Unternehmen Maier GmbH (Unternehmen 20 in Tab. 3.1) ergibt sich ein errechneter Nutzwert für die Marktattraktivität von 9,5 (5 + 3 + 1,5). Der ideale Nutzwert ist 13,5 (6 + 4,5 + 3). Damit ergibt sich ein Erfüllungsgrad der Marktattraktivität für die Produktgruppe 1 von 70 %. Als Konkurrenten wurden festgestellt:

- Das Unternehmen Zorn (Nr. 19 in Tab. 3.1) als potenzieller Wettbewerber. Dieses Unternehmen will durch Zukäufe in das Marktsegment der flexiblen

Tab. 8.3 Daten für Umsatz und Umsatzanteil der FMS am Gesamtumsatz für die betrachteten Unternehmen (sortiert nach Umsatz)

Unternehmen	Umsatz in Mio €	Anteil am Gesamtumsatz
Maier GmbH ("A", 20 nach Tab.1)	50	43%
Gabel ("B", 9 nach Tab. 1)	35	33%
Zorn ("C", 19 nach Tab. 1))	27	35%
Reich ("D", 15 nach Tab. 1)	1,2	30%
Bach ("E", 1 nach Tab. 1)	0,9	12%

Montagesysteme eindringen und will in den nächsten 3 Jahren bereits einen Umsatz von 27 Mio. € erzielen (Tab. 8.3).

- Auch die Firma Reich wird ein potenzieller Wettbewerber sein. Allerdings ist für dieses Unternehmen die Marktattraktivität nicht so hoch (37 % nach Tab. 8.2), weil sie erhebliche Eintrittsbarrieren zu überwinden hat und vor allem kein fachkundiges Vertriebsnetz für ihre Kunden zu bieten hat.
- Das Unternehmen Gabel ist der bisherige schärfste Konkurrent der betrachteten Firm Maier GmbH, allerdings mit einer geringeren Produktstärke. Das Know-how der Firma Maier GmbH ist wesentlich größer und patentrechtlich abgesichert.
- Die Firma Bach will ebenfalls in den Markt der FMS eindringen. Sie schätzt dem Markt als hoch attraktiv ein (85 %), wird aber zunächst mit sehr einfachen Maschinen auf dem Markt präsent sein. Die Produktstärke ist relativ gering (27 %).

Die Berechnungen für die Marktattraktivität und die Produktstärke werden entsprechend des oben genannten Beispiels vorgenommen. Die so errechneten Prozentzahlen definieren das Feld im Portfolio. Es gilt im Allgemeinen:

1. Feld (niedrig): bis 33 %,
2. Feld (mittel) von 34 bis 66 % und
3. Feld (hoch) von 67 bis 100 %.

Tabelle 8.2 zeigt das Ergebnis.

Aus den in Tab. 8.2 errechneten Daten wird das Marktattraktivitäts-Produktstärke-Portfolio erstellt.

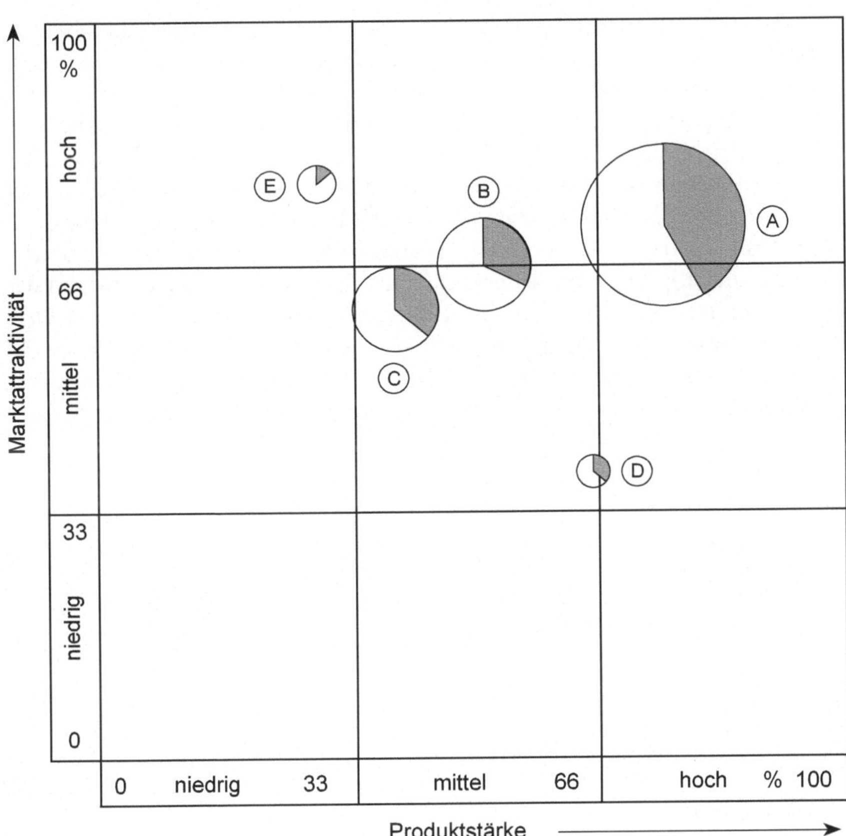

Abb. 8.2 Wettbewerbs-Marktattraktivität-Produktstärke-Portfolio für die betrachteten Unternehmen (In Anlehnung an: Hering und Draeger 2000)

Die Prozentwerte für die für die Marktattraktivität und die Produktstärke sind die Koordinaten, die den Mittelpunkt der Strategischen Geschäftseinheiten im Portfolio bestimmen. Als Beispiel dient die Beispielfirma Maier GmbH. Der Mittelpunkt des Kreises im Portfolio wird durch die Koordinaten (Marktattraktivität $= 70\,\%$; Produktstärke $= 72\,\%$) bestimmt. Der Radius entspricht dem Umsatz des Unternehmens und der Kreisausschnitt beschreibt den Umsatzanteil der FMS am Gesamtumsatz des Unternehmens. Diese Informationen sind in Tab. 8.3 zu finden.

Mit diesen Daten entsteht das Wettbewerbs-Marktattraktivität-Produktstärke-Portfolio (Abb. 8.2).

Aus dem Wettbewerbs-Portfolio in Abb. 8.2 ist erkennbar, dass die Marktattraktivität für die flexiblen Montagesysteme von allen Unternehmen, außer dem potenziellen Wettbewerber Reich als hoch eingeschätzt wird. Aus diesem Grunde wagen es auch einige Unternehmen aus anderen Branchen, in diesen Markt vorzustoßen. Die Firma Reich schätzt als einzige die Marktattraktivität geringer ein, weil sie, wie oben erwähnt, erhebliche Anstrengungen unternehmen muss, um diesen Markt erfolgreich bedienen zu können. Das betrachtete Beispielunternehmen Maier GmbH (A) ist unangefochten das umsatzstärkste Unternehmen im Markt, allerdings dicht gefolgt vom bereits bekannten Unternehmen Gabel (B) und der Firma Zorn (C), die sich durch entsprechende Zukäufe im Ausland einen Platz im Markt erobern will. Die potenziellen Wettbewerber Reich (D) und Bach (E) werden als potenzielle Wettbewerber keine große Rolle spielen. Das bedeutet, dass die Unternehmen Gabel und Zorn als ernst zu nehmende Wettbewerber genauer beobachtet werden müssen

Erfolgreiche Strategie-Optionen im Wettbewerb

Neben den in Tab. 8.1 beschriebenen Normalstrategien für die entsprechenden Felder gibt es folgende drei grundsätzliche Strategien, mit denen sich die Strategischen Geschäftseinheiten im Wettbewerb erfolgreich behaupten können:

- *Konzentration* auf bestehende Produkte und Märkte (in dieser Nische können ertragreiche Umsätze erwirtschaftet werden),
- *Differenzierung* (Abheben von der Konkurrenz durch bestimmte für den Kunden vorteilhafte Merkmale. Der Kunde nimmt diese Einzigartigkeit wahr. Dadurch wird es möglich, eine eigene, unverwechselbare Marke aufzubauen und entsprechend lukrative Preise auf dem Markt zu erzielen) und
- *Standardisierung* (dadurch können die Produkte zu Niedrigstpreisen verkauft werden. Das Unternehmen hat dadurch die Kostenführerschaft.)

Für bestimmte Branchentypen sind entsprechende strategische Optionen sinnvoll:

- Zersplitterte Branchen

In ihnen gibt es zwar geringe Wettbewerbsvorteile, dafür aber sehr viele Chancen. In diesem Bereich sind die meisten Klein- und Mittelbetriebe anzusiedeln. Es empfiehlt sich eine Differenzierungs- oder aber eine Konzentrationsstrategie für ertragreiche Produkt-Markt-Kombinationen.

- Branchen mit Stillstand

Bei diesen sind weder nennenswerte Wettbewerbsvorteile vorhanden, noch Möglichkeiten erkennbar, diese wahrzunehmen. Dies sind stagnierende Branchen. Dort erfolgreich zu sein ist sehr schwierig, weil sich hier die Problem-Produkte des Un-

E. Hering, *Wettbewerbsanalyse für Ingenieure*, essentials,
DOI 10.1007/978-3-658-03869-4_9, © Springer Fachmedien Wiesbaden 2014

ternehmens befinden. Es gibt folgende sinnvolle Strategien: entweder aufzugeben, eine gezielte Ernte- und Aussteigestrategie zu verfolgen oder eine Nische zu finden, die vom Wettbewerb übersehen wurde. Sinnvolle Aussteigestrategien hängen davon ab, ob der Ausstieg wirtschaftlich verkraftet werden kann (Kompensation des fehlenden Umsatzes) und ob das Image des Unternehmens beschädigt werden könnte.

- Spezialisierte Branchen

Sind große Wettbewerbsvorteile auf vielen Wegen zu erreichen, dann ist die Strategie der *Spezialisierung* oder der *Differenzierung* (z. B. Aufbau eines Markenimages) erfolgversprechend.

In diesen Branchen gibt es sehr viele Wettbewerbsvorteile und viele Möglichkeiten, diese wahrzunehmen.

- Branchen mit Volumenwachstum

Hierbei gibt es zwar viele Wettbewerbsvorteile, aber sehr wenige Möglichkeiten, diese wahrzunehmen. Die einzige Möglichkeit, erfolgreich zu sein, besteht darin, große Stückzahlen standardisierter Produkte herzustellen und diese zu möglichst niedrigen Preisen zu verkaufen.

Literatur

Delti, J.: Strategische Wettbewerbsbeobachtung: So sind Sie ihren Konkurrenten laufend einen Schritt voraus. Gabler, (2011)

Depisch, C.: Strategische Wettbewerbsanalyse mittels Konkurrenzforschung. VDM, (2009)

Graumann, J., Weissmann, A.: Konkurrenzanalyse und Marktforschung preiswert selbst gemacht. MVG, (1998)

Hering, E., Draeger, W.: Handbuch Betriebswirtschaft für Ingenieure. 3. Aufl. Springer, (2000)

Michaeli, R.: Competitive Intelligence: Strategische Wettbewerbsvorteile erzielen durch systematische Konkurrenz-, Markt- und Technologieanalysen. Springer, (2006)

Porter, M. E.: Wettbewerbsstrategie (Competitive Strategy). Campus-Verlag, (1983)

Porter, M. E.: Wettbewerbsvorteile: Spitzenleistungen erreichen und behaupten. Campus, (2010)

Porter, M. E., Brandt, V., Schwoerer, T.C.: Wettbewerbsstrategie: Methoden zur Analyse von Branchen und Konkurrenten. Campus-Verlag, (2008)

Reymann, D.: Wettbewerbsanalyse für kleine und mittlere Unternehmen (KMUs): Theoretische Grundlagen und praktische Anwendung. Detlev Reymann, (2009)

E. Hering, *Wettbewerbsanalyse für Ingenieure*, essentials,
DOI 10.1007/978-3-658-03869-4, © Springer Fachmedien Wiesbaden 2014